高危行业一线岗位安全生产指导手册

金属非金属地下矿山
提　升　岗

本书编写组　编

应 急 管 理 出 版 社

· 北　京 ·

图书在版编目（CIP）数据

高危行业一线岗位安全生产指导手册．金属非金属地下矿山提升岗／《高危行业一线岗位安全生产指导手册》编写组编．--北京：应急管理出版社，2020

ISBN 978-7-5020-8164-5

Ⅰ.①高…　Ⅱ.①高…　Ⅲ.①金属矿—地下开采—矿井提升—矿山安全—技术手册　②非金属矿—地下开采—矿井提升—矿山安全—技术手册　Ⅳ.①X931-62　②TD7-62

中国版本图书馆 CIP 数据核字（2020）第 105115 号

高危行业一线岗位安全生产指导手册

——金属非金属地下矿山提升岗

编　　者　本书编写组
责任编辑　罗秀全　郭玉娟　刘晓天
责任校对　陈　慧
封面设计　王　滨

出版发行　应急管理出版社（北京市朝阳区芍药居 35 号　100029）
电　　话　010-84657898（总编室）　010-84657880（读者服务部）
网　　址　www.cciph.com.cn
印　　刷　北京玥实印刷有限公司
经　　销　全国新华书店

开　　本　850mm×1168mm $^{1}/_{32}$　**印张**　$2^{1}/_{4}$　**字数**　37 千字
版　　次　2020 年 7 月第 1 版　2020 年 7 月第 1 次印刷
社内编号　20200736　　　**定价**　14.00 元

应急管理部办公厅关于印发
非煤矿山一线岗位安全生产指导手册的通知

应急厅函〔2020〕159 号

各省、自治区、直辖市应急管理厅（局），新疆生产建设兵团应急管理局，海油安监办各分部，有关中央企业：

为贯彻落实《应急管理部　人力资源和社会保障部　教育部　财政部　国家煤矿安全监察局关于高危行业领域安全技能提升行动计划的实施意见》（应急〔2019〕107 号），加强对高危行业企业一线岗位从业人员的安全生产指导和服务，应急管理部安全基础司组织编制了非煤矿山生产一线重点岗位安全生产指导手册，现予印发，供非煤矿山安全监管人员、有关企业安全管理人员及相关岗位操作人员学习参考，也可作为有关企业三级安全培训教育的参考资料。

应急管理部办公厅

2020 年 7 月 1 日

出 版 说 明

为推进非煤矿山一线岗位安全生产指导手册的应用，助力企业基层安全管理，方便一线岗位从业人员学习使用，我们组织承担编写任务的单位对9个典型一线岗位的指导手册进行出版。指导手册采用“口袋书”的形式，以方便岗位人员随身带、随时学、随地用。

《高危行业一线岗位安全生产指导手册：金属非金属地下矿山提升岗》由中国五矿集团有限公司、长沙矿山研究院有限责任公司编写，主要编写人员为廖文景、李冀、杜志信、卿自强、张弛、尹建生、唐绍辉、赵艳艳、李富伟、戴军。

目　　次

1 安全生产应知应会

1.1 安全生产风险基础知识

我国矿产资源丰富，根据中华人民共和国自然资源部编制的《中国矿产资源报告（2019）》，截至 2018 年底，已发现矿产 173 种，其中能源矿产 13 种、金属矿产 59 种、非金属矿产 95 种、水气矿产 6 种。我国已成为全球少数几个矿种齐全、矿产资源总量丰富的国家之一。随着社会经济的高速发展，重要矿产消费持续增长，金属非金属矿山行业已成为国民经济发展的重要支柱。

目前，我国金属非金属固体矿产资源开采主要包括露天开采、地下开采、溶浸采矿和海洋采矿 4 种方式。海洋采矿技术与装备的研发目前已取得重大突破，但还未能进行工业化生产。溶浸采矿在地面堆浸、原地破碎溶浸和钻孔溶浸等方面已研发出成套技术并得到应用，但目前产量比例不高。因此，大多数金属非金属矿产资源的供应主要来自露天开采和地下开采。

地下开采需要从地表掘进通达矿体的各种通道，用以提升运输、通风、排水、行人等，主要由开拓、提升运输、通风、供电、供气、供水、排水、充填等系统组成，建设周期长、技术难度较大、回采率低、危险程度高。基于其特殊的作业环境，开采中除受到溶洞、断层、破碎带、地下水、有害气体等地下开采环境限制，其自身的集约化程度、装备水平、组织结构等均对安全生产有较大影响，进而形成了地下矿山作业区域点多面广、作业条件多变复杂、作业通道狭窄灰暗等特点。受地下开采环境的限制，井下作业过程中常见的风险主要为冒顶片帮、中毒窒息、透水、放炮、火药爆炸、火灾、物体打击、高处坠落、机械伤害、车辆伤害、触电、坍塌等。

提升系统是地下矿山的主要生产系统，是联系地面和井下的“咽喉”。提升作业主要包括矿（废）石、人员、设备、材料等的提升，金属非金属地下矿山常见的提升方式主要有竖井提升和斜井提升。

竖井提升系统（图1－1）的主要作用是在井筒内沿垂直方向实现物流和人员的运输，根据所使用的提升机和提升钢丝绳数量不同可分为单绳提升系统和多绳提升系统；根据提升容器的不同可分为箕斗提升系统、罐笼提升系统和混合提升系统；根据提升机布置的不同可分为塔式提升系统和落地式提升系统。

竖井提升系统使用的主要设备设施包括提升机、井架、天轮、钢丝绳、连接装置、提升容器（图1－2）、井筒导向装置、井口和井底的承接装置、阻车器、安全门、安全装置（图1－3，图1－4）、信号装置等。竖井提升存在的风险主要有坠罐、竖井断绳、竖井松绳、竖井过卷、高处坠落等。

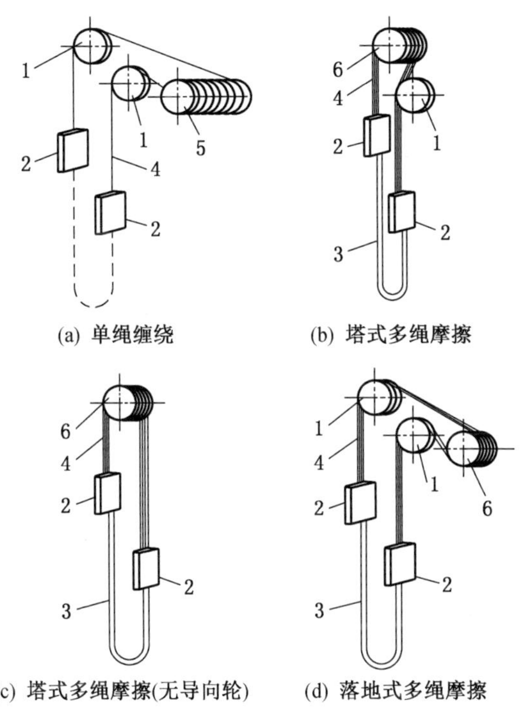

1—天轮或导向轮；2—容器/配重；3—尾绳；4—首绳；5—主轴装置；6—摩擦轮

图 1－1　竖井提升系统

斜井提升（图 1－5）在我国中、小型地下矿山应用较多，采用斜井开拓具有初期投资少、地面布置简单等优点，但斜井提升能力一般较小，钢丝绳磨损较快，维护费用较高。

斜井提升所使用的提升设备（图 1－6）种类较多，

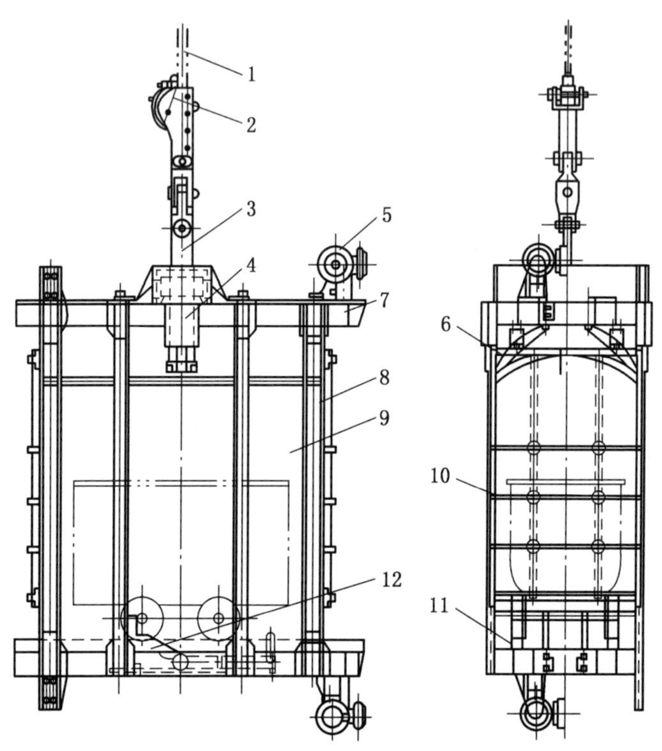

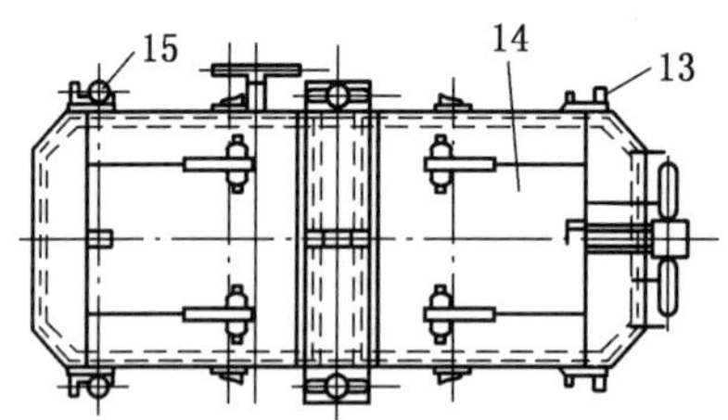

1—提升钢丝绳；2—双面夹紧楔形绳环；3—主控杆；4—防坠器；
5—橡胶滚轮罐耳（用于刚性组合罐道）；6—淋水棚；7—横梁；
8—立柱；9—钢板；10—罐门；11—轨道；12—阻车器；
13—稳罐罐耳；14—罐盖；15—套管罐耳（用于绳罐道）

图1-2　标准罐笼

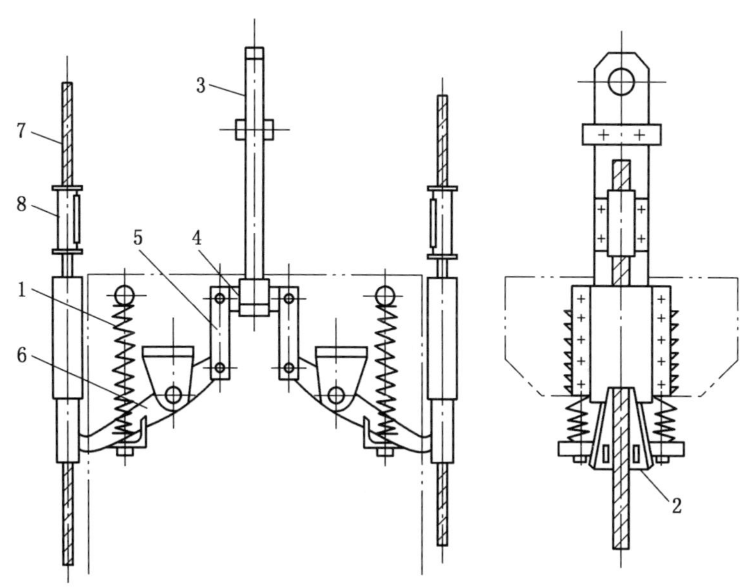

1—弹簧；2—滑楔；3—主拉杆；4—横梁；5—连板；
6—拨杆；7—制动绳；8—导向套

图 1－3　防坠器

主要有 JK、JTP、JTK 等型号提升设备。目前我国 JTK 型矿用提升绞车、带式制动矿用提升绞车等已经禁止用于主提升。斜井提升根据提升容器可分为矿车组（串车）、箕斗、台车和人车等。矿车组（串车）和箕斗提升较为常见；台车主要用于倾角较大的斜井，多作为材料、设备等辅助性提升；人车是斜井提升专门运送人员的车辆，按照制动形式不同可以分为插爪式和抱轨式两种。斜井提升存在的风险主要有斜井跑车、斜井过卷、斜井松绳等。

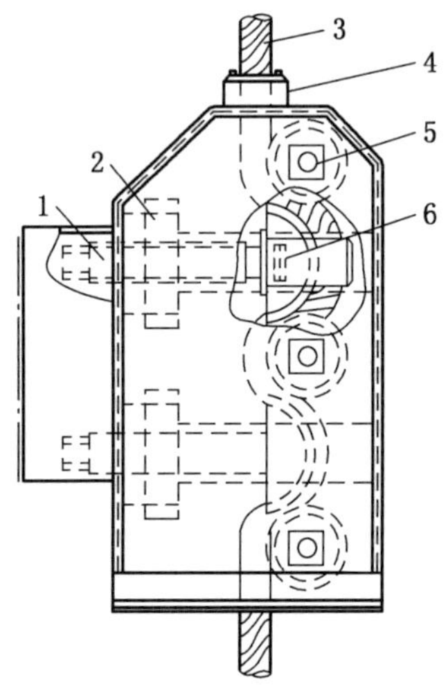

1—螺旋杆；2—螺母；3—缓冲绳；4—密封；5—小轴；6—滑块

图1－4　缓冲器

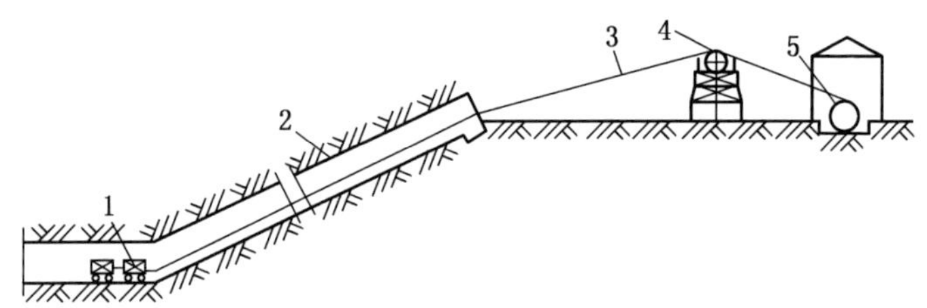

1—矿车；2—斜井井筒；3—钢丝绳；4—天轮；5—提升机

图1－5　斜井提升系统

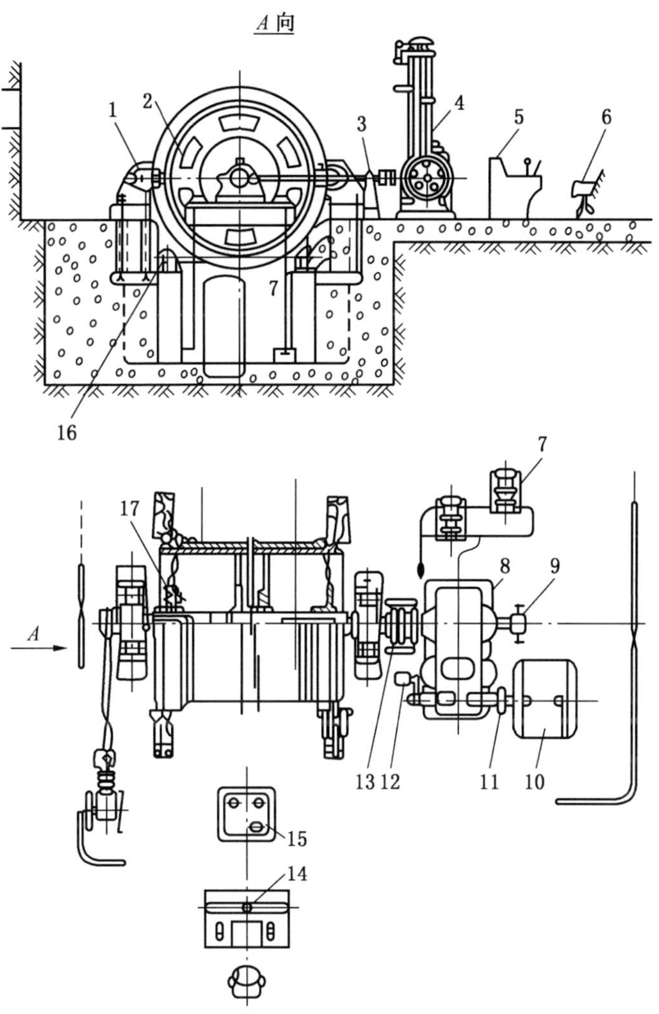

1—制动器；2—主轴装置；3—深度指示器传动装置；4—牌坊式深度指示器；5—操纵台；6—座椅；7—润滑油站；8—减速器；9—圆盘式深度指示器传动装置；10—电动机；11—弹簧联轴器；12—测速发电机；13—齿轮联轴器；14—圆盘式深度指示器；15—液压站；16—锁紧器；17—齿轮离合器

图1－6　单绳缠绕式提升机

提升系统运转的安全性、可靠性不仅影响整个矿山生产，而且还涉及人员的生命安全。因此，提升机操作作业人员应认真学习矿井提升设备设施的性能、构造和工作原理，熟练掌握正确的操作方法及应急措施，确保提升系统安全、可靠、高效运行。

卷筒直径在 2 m 及以上的缠绕式矿用提升设备，均称为缠绕式提升机（以下简称提升机）；卷筒直径在 2 m 以下（一般是 0.8 m 及以上）的缠绕式矿用提升设备，均称为矿用提升绞车（以下简称提升绞车）；摩擦式矿用提升设备称为摩擦式提升机（目前在用的均为多绳摩擦式提升机）。

1.2 安全生产有关法律法规要求

1.2.1 岗位安全生产准入

1. 安全生产培训合格

《安全生产法》第二十五条规定，生产经营单位应当对从业人员进行安全生产教育和培训，保证从业人员具备必要的安全生产知识，熟悉有关的安全生产规章制度和安全操作规程，掌握本岗位的安全操作技能，了解事故应急处理措施，知悉自身在安全生产方面的权利和义务。未经安全生产教育和培训合格的从业人员，不得上岗作业。

【说明】

培训时间：根据《金属非金属矿山安全规程》，所有生产作业人员每年至少接受 20 h 的在职安全教育；

新进地下矿山的作业人员，应接受不少于72 h的安全教育，经考试合格后，由老工人带领工作至少4个月，熟悉本工种操作技术并经考核合格，方可独立工作。

岗位调换培训：根据《金属非金属矿山安全规程》，调换工种的人员应进行新岗位安全操作的培训。

“四新培训”：根据《安全生产法》第二十六条，生产经营单位采用新工艺、新技术、新材料或者使用新设备，必须了解、掌握其安全技术特性，采取有效的安全防护措施，并对从业人员进行专门的安全生产教育和培训。

2. 特种作业人员持证上岗

《安全生产法》第二十七条规定，生产经营单位的特种作业人员必须按照国家有关规定经专门的安全作业培训，取得相应资格，方可上岗作业。

【说明】

依据《特种作业人员安全技术培训考核管理规定》，提升机操作作业人员列入特种作业目录，需持证上岗。

复审时间和离岗考试：依据《特种作业人员安全技术培训考核管理规定》，特种作业操作证每3年复审1次，离开特种作业岗位6个月以上的特种作业人员，应当重新进行实际操作考试，经确认合格后方可上岗作业。

提升机操作作业人员培训内容：依据《特种作业人员安全技术培训大纲和考核标准（试行）》中的金属

非金属矿山提升机操作作业人员安全技术培训大纲和考核标准。

国家实行特种作业操作证书全国统一查询，可登录应急管理部政府网站（http://www.mem.gov.cn），从“查询服务”栏进入“特种作业操作证及安全生产知识和管理能力考核合格信息查询”系统，或登录官方微信公众号（国家安全生产考试），按要求进行身份认证后，下载打印电子证书。

3. 设备检测检验合格

《安全生产法》第三十四条规定，生产经营单位使用的涉及人身安全、危险性较大的矿山井下特种设备（提升机），必须按照国家有关规定，由专业生产单位生产，并经具有专业资质的检测、检验机构检测、检验合格，取得安全使用证或者安全标志，方可投入使用。

【说明】

提升机主要检验项目有：机房或硐室、提升装置、提升机制动系统、液压系统、保护装置、信号装置、电气系统、钢丝绳和连接装置等。

人车主要检验项目有：车体、开动机构、连接装置、缓冲装置、平道闭锁装置、制动装置、行走部分、信号装置等。

防坠器包括木罐道防坠器、钢罐道防坠器和制动绳防坠器。主要检验项目有：防坠器结构检查（矿安标志）、静负荷试验、脱钩试验等。

罐笼主要检验项目有：罐体材料、罐体尺寸、罐内扶手、罐笼门、阻车器、罐体顶盖门、罐底轨道、罐体偏心力矩等。

钢丝绳主要检验项目有：试样、钢丝绳直径、不松散检查、拆股钢丝制样、钢丝表面状态、拆股钢丝实测直径、钢丝绳力学性能考核、钢丝破断拉力检验、钢丝绳破断拉力、反复弯曲试验、扭转试验等。

1.2.2 从业人员安全生产权利

（1）劳动保护权。《安全生产法》第四十九条规定，劳动合同应当载明有关保障从业人员劳动安全、防止职业危害的事项，以及依法为从业人员办理工伤保险的事项。

（2）知情权、建议权。《安全生产法》第五十条规定，从业人员有权了解其作业场所和工作岗位存在的危险因素、防范措施及事故应急措施，有权对本单位的安全生产工作提出建议。

（3）批评、检举、控告权和依法拒绝权。《安全生产法》第五十一条规定，从业人员有权对本单位安全生产工作中存在的问题提出批评、检举、控告；有权拒绝违章指挥和强令冒险作业。

（4）紧急避险权。《安全生产法》第五十二条规定，从业人员发现直接危及人身安全的紧急情况时，有权停止作业或者在采取可能的应急措施后撤离作业场所。

（5）工伤保险和民事索赔权。《安全生产法》第五十三条规定，因生产安全事故受到损害的从业人员，除依法享有工伤保险外，依照有关民事法律尚有获得赔偿的权利的，有权向本单位提出赔偿要求。

【说明】

认定工伤、视为工伤、不得认定为工伤或者视同工伤的情形：分别依据《工伤保险条例》第十四条至第十六条。

提出工伤认定申请的人、时间及申请地点：《工伤保险条例》第十七条规定，所在单位应当自事故伤害发生之日或者被诊断、鉴定为职业病之日起 30 日内，向统筹地区社会保险行政部门提出工伤认定申请。用人单位未提出工伤认定申请的，工伤职工或者其近亲属、工会组织在事故伤害发生之日或者被诊断、鉴定为职业病之日起 1 年内，可以直接向用人单位所在地统筹地区社会保险行政部门提出工伤认定申请。

1.2.3 从业人员安全生产义务

（1）遵章守纪，正确佩戴和使用劳动防护用品。《安全生产法》第五十四条规定，从业人员在作业过程中，应当严格遵守本单位的安全生产规章制度和操作规程，服从管理，正确佩戴和使用劳动防护用品。

（2）接受安全生产教育和培训。《安全生产法》第五十五条规定，从业人员应当接受安全生产教育和培训，掌握本职工作所需的安全生产知识，提高安全生产技能，增强事故预防和应急处理能力。

（3）报告危险。《安全生产法》第五十六条规定，从业人员发现事故隐患或者其他不安全因素，应当立即向现场安全生产管理人员或者本单位负责人报告。

1.2.4　法律责任

《安全生产法》第一百零四条规定，生产经营单位的从业人员不服从管理，违反安全生产规章制度或者操作规程的，由生产经营单位给予批评教育，依照有关规章制度给予处分；构成犯罪的，依照刑法有关规定追究刑事责任。

【说明】

构成犯罪，主要是指构成刑法规定的重大责任事故罪，即在生产作业中违反有关安全管理的规定，导致发生重大伤亡事故或者造成其他严重后果的，处三年以下有期徒刑或者拘役；情节特别恶劣的，处三年以上七年以下有期徒刑。

2　岗位主要安全风险和事故隐患

2.1　岗位主要安全风险

金属非金属矿山井下提升作业过程中，主要存在如下安全风险：坠罐、竖井断绳、竖井松绳、竖井过卷、斜井跑车、斜井过卷、斜井松绳、触电、机械伤害等。

2.1.1　坠罐

坠罐是指在竖井提升作业过程中，供上下人和运送物料的乘载物（俗称罐笼），由于上下运动过程中超载或其他因素造成提升乘载物绳索（钢丝绳）突然断开（即断绳坠罐），或由于提升设备本身的故障造成提升机失去控制（即带绳坠罐）。

发生坠罐的主要原因有：钢丝绳强度不够，竖井防坠装置和提升系统制动失灵，减速、限速、过卷等保护功能欠缺及调绳装置未闭锁或故障脱开等。

为防止坠罐，应进行设备设施日常安全检查及维护保养，确保提升钢丝绳、防坠装置、制动系统等安全有效；人员遵守作业规程及乘罐秩序；提升设备应按要求定期检测检验。

2.1.2　竖井断绳

竖井断绳是指在钢丝绳因质量、磨损、锈蚀、超载提升、松绳冲击、过卷事故及钢丝绳运行中遭受卡罐或突然停车等情况下，钢丝绳强度不足或受到较大的冲击力导致钢丝绳突然断裂，致使提升容器坠落造成伤害。

为防止竖井断绳，应采购合格的提升钢丝绳，加强日常维护保养和检查检测，按周期委托有资质的机构进行检测检验；严禁超载和超载重差运行；提升人员罐笼应设置可靠的防坠器；提升机操作作业人员应按章操作，时刻注意运行电流等监控仪表变化情况。

2.1.3　竖井松绳

竖井松绳发生在缠绕式提升机的运行过程中。

发生竖井松绳的原因有：上井口箕斗在卸载位置因满仓、冰冻、溜矿嘴闸板不能关闭而被卡住，或提升容器向下运行时因防坠器误动作、罐内矿车或其他物件溜出、刚性罐道的间距变小、木质罐道腐烂等造成提升容器被卡住；松绳保护装置失效，提升机操作作业人员未注意到提升电流变化而继续开车，下放的容器因不能向下运行而造成提升容器的钢丝绳松弛。

为防止竖井松绳，缠绕式提升机或提升设备必须设置松绳保护装置，并接入安全回路和报警回路；加强对满仓保护、箕斗溜矿闸板、卸载曲轨、刚性罐道等设施的维护检查；提升机操作作业人员应按章操作，时刻注意运行电流等监控仪表变化情况。

2.1.4　竖井过卷

竖井过卷是指提升容器到达终端位置时继续上提（另一钩下放），上提的容器就会超过上井口而发生过卷，同时下放的容器就会发生过放，超过过放距离即为蹾罐。

发生竖井过卷的原因有：深度指示器失效、自动控制装置出现故障、提升容器到达减速位置而没有减速、安全保护装置失效、制动装置失灵等。

为防止竖井过卷，应加强对过卷保护装置、制动装置、保险制动装置、限速保护、过速保护等设备设施的维护及检测；提升机必须安装深度指示器失效保护装置；井筒内和深度指示器上必须同时装有过卷保护装置；提升机操作作业人员应按章操作，并提高应变能力。

2.1.5 斜井跑车

斜井跑车是指在斜井提升或下放提升容器时，提升容器（矿车、箕斗、人车及台车等）失控沿斜井坠下的事故。发生斜井跑车时，失控的提升容器可能危及人身安全，撞坏支架而引起冒顶片帮，撞坏斜井中敷设的电缆、风水管路、轨道和提升容器等设施而导致矿井停产。

发生斜井跑车的主要原因有：提升钢丝绳或连接装置断裂、提升机制动力不足、制动装置失灵、保护装置失效、防跑车装置未动作或强度不足等。

为防止斜井跑车，应进行设备设施日常安全检查及维护保养，确保提升钢丝绳、连接装置、制动系统、保护装置及防跑车装置等安全有效；斜井轨道的规格、铺设质量（轨距、间隙等）应符合要求；斜井提升过程中严禁乘坐矿车；利用斜井人车运送人员时严禁超载超速；提升设备应按要求定期检测检验。

2.1.6 斜井过卷

斜井过卷是指提升容器到达终端位置时继续提升或下放，过卷后的矿车在惯性作用下冲入上坡口平巷或井底车场，造成人员伤亡或设备损失的事故。

发生斜井过卷的主要原因有：深度指示器失效，过卷保护、过速保护、限速保护、减速功能保护装置失效，制动装置失灵等。

为防止斜井过卷，提升机需安设符合要求的制动装置，完善过卷保护、限速保护、过速保护、深度指示器失效保护等安全保护装置，并及时检查和维护；上坡口应留有足够的过卷距离；提升机操作作业人员应按章操作，并提高应变能力。

2.1.7 斜井松绳

斜井松绳是指在斜井提升过程中，提升钢丝绳松弛，造成钢丝绳受到过大的冲击力而引起断绳跑车。

发生斜井松绳的原因有：提升容器在上坡口卸载矿仓附近被卡住而强行下放；提升容器向下运行时被轨道杂物或其他物体卡住后，提升机继续运行；串车向下运行时严重过放等。

为防止斜井松绳，提升机应设置松绳保护装置，并接入安全回路和报警回路；加强斜井轨道的日常检查和维护；提升机的保险闸优先采用二级制动和延时制动；箕斗提升时应加强满仓保护、溜矿嘴闸板的维护检修；提升机操作作业人员应按章操作，时刻注意运行电流等监控仪表变化情况。

2.1.8 触电

井下提升设备受恶劣环境制约，设备在使用中启动频繁、负荷变化大、电压波动大，引起过载、短路、漏电、电弧、电火花故障，从而导致设备烧毁、矿井火灾、人员触电。

为防止触电，非专职电气人员不得擅自检修、操作电气设备，严禁在电气设备与电缆上躺、坐，不得随意触摸电气设备和电缆；不得随意在电气设备中增加额外部件，若必须设置时应符合有关规定的要求；设置保护接地装置；设置漏电保护装置；避免电气设备和电缆长期超负荷运行、绝缘老化造成漏电。

2.1.9 机械伤害

提升机操作作业人员在操作、维护、检查设备过程中，旋转部件易将手套、衣袖等转入，导致绞伤。对此，提升系统操作台应合理布置，便于操作，提升设备外露旋转部件必须加装安全防护罩。

2.2 岗位常见事故隐患

2.2.1 事故隐患排查

事故隐患排查见表2－1。

2.2.2 事故隐患示例

（1）提升机制动装置缺少闸间隙保护装置，如图2－1所示。

（2）提升机天轮轮缘与钢丝绳的高度差小于钢丝绳直径的1.5倍，如图2－2所示。

表 2-1　事故隐患排查

序号	事故隐患	依　据	隐患分类
1	使用国家明令禁止使用的设备、材料和工艺：非定型竖井罐笼；ϕ1.2 m以下(不含 ϕ1.2 m)用于升降人员的提升绞车；KJ 型、JKA 型、XKT 型矿井提升机，JTK 型矿用提升绞车及带式制动矿用提升绞车；TKD 型提升机电控装置及使用继电器结构原理的提升机电控装置	《关于发布金属非金属矿山禁止使用的设备及工艺目录（第一批）的通知》(安监总管一〔2013〕101 号) 《关于发布金属非金属矿山禁止使用的设备及工艺目录（第二批）的通知》(安监总管一〔2015〕13 号) 《金属非金属矿山重大生产安全事故隐患判定标准（试行)》(安监总管一〔2017〕98 号)	重大隐患
2	主要提升装置未定期进行检测检验	《金属非金属矿山重大生产安全事故隐患判定标准（试行)》(安监总管一〔2017〕98 号)	重大隐患
3	竖井提升系统未设置过卷保护装置	《金属非金属矿山重大生产安全事故隐患判定标准（试行)》(安监总管一〔2017〕98 号)	重大隐患
4	竖井提升系统未在井塔（架）上设置过卷挡梁和楔形罐道	《金属非金属矿山重大生产安全事故隐患判定标准（试行)》(安监总管一〔2017〕98 号)	重大隐患
5	竖井提升人员用的单绳提升罐笼未设置防坠器	《金属非金属矿山重大生产安全事故隐患判定标准（试行)》(安监总管一〔2017〕98 号)	重大隐患

表 2-1（续）

序号	事故隐患	依据	隐患分类
6	斜井提升系统未按规定设置常闭式防跑车装置、阻车器、挡车栏（一坡三挡）	《金属非金属矿山重大生产安全事故隐患判定标准（试行）》（安监总管一〔2017〕98 号）	重大隐患
7	斜井人车未设置顶棚、断绳保护器等安全装置	《金属非金属矿山重大生产安全事故隐患判定标准（试行）》（安监总管一〔2017〕98 号）	重大隐患
8	未在提升机房悬挂制动系统图、电气控制原理图、提升机的技术特征表、提升系统图、岗位责任制和操作规程等	《金属非金属矿山安全规程》（GB 16423—2006）6.3.5.26	一般隐患
9	提升系统未进行经常性维护、保养、定期检测	《安全生产法》第三十三条	一般隐患
10	卷筒缠绕钢丝绳的层数不符合规定： 竖井中升降人员的钢丝绳缠绕超过 1 层，专用于升降物料的缠绕超过 2 层； 斜井中升降人员的钢丝绳缠绕超过 2 层，专用于升降物料的缠绕超过 3 层	《金属非金属矿山安全规程》（GB 16423—2006）6.3.5.3	一般隐患
11	钢丝绳锈蚀严重、点蚀麻坑形成沟纹、外层钢丝松动等	《金属非金属矿山安全规程》（GB 16423—2006）6.3.4.8	一般隐患

表2-1（续）

序号	事故隐患	依据	隐患分类
12	未进行每日一次手动落闸试验，每月一次静止松绳落闸试验，每年一次重载全速脱钩试验	《金属非金属矿山安全规程》（GB 16423—2006）6.3.4.12	一般隐患
13	竖井提升在同一层罐笼同时升降人员和物料	《金属非金属矿山安全规程》（GB 16423—2006）6.3.3.4	一般隐患
14	竖井井口和井下各中段马头门车场未设信号装置	《金属非金属矿山安全规程》（GB 16423—2006）6.3.3.25	一般隐患
15	竖井井口未张贴罐笼载重量和载人数量的标牌	《金属非金属矿山安全规程》（GB 16423—2006）6.3.3.28	一般隐患
16	采用专用人车运送人员的斜井未装设声、光信号装置	《金属非金属矿山安全规程》（GB 16423—2006）6.3.2.3	一般隐患

图2-1　闸间隙保护缺失

图 2－2　天轮轮缘与钢丝绳高度差不足

（3）制动盘上有油污，严重影响设备的制动性能，如图 2－3 所示。

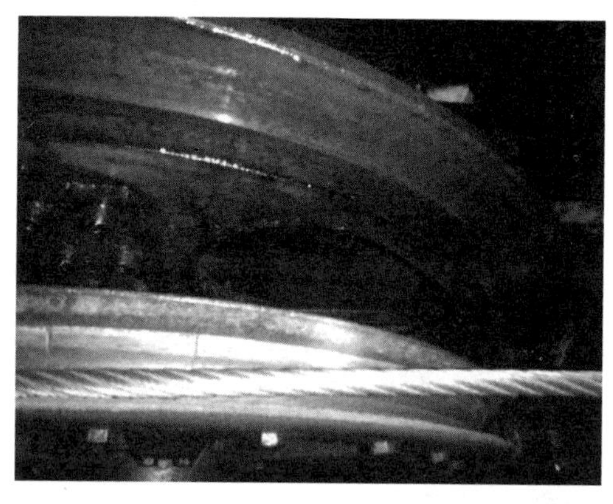

图 2－3　制动盘上有油污

（4）保护探头未能有效固定而掉落，致使保护装置失去保护功能，如图 2 –4 所示。

图 2 –4　保护探头未有效固定

（5）提升机钢丝绳缠绕在卷筒主轴上，如图 2 –5 所示。

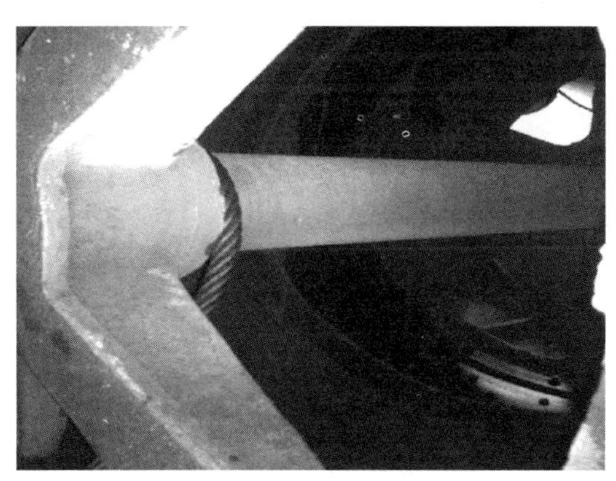

图 2 –5　钢丝绳缠绕在主轴上

2.3 典型事故案例

2.3.1 湖南锡矿山闪星锑业有限责任公司“10·8”坠罐事故

1. 事故经过

2009年10月8日9时15分，南矿2号竖井主提升竖井（双层双罐、箕斗混合井）在运送人员上下井过程中（下降罐笼乘员27人，上升罐笼乘员4人），因带动上升罐笼的滚筒上的调绳离合器脱离，使该滚筒处于自由状态，上升罐笼高速带绳下坠，下降罐笼失去平衡也高速带绳下坠。提升机操作作业人员立即采取制动措施，但制动系统制动力严重不足，未能有效制动，发生坠罐事故。事故造成26人死亡，5人重伤。

2. 事故原因

（1）调绳离合器（连锁阀塞销）闭合不到位。

（2）制动器所产生的制动力矩不够。

（3）提升机超员，造成人员伤亡扩大。

（4）间接原因是企业设备管理维护不完善，技术管理不到位。

3. 防范措施

（1）对提升系统进行更换，并加强检查制度的落实。

（2）按照国家相关标准控制提升人员的人数。

（3）从技术措施上排除人为违规操作因素影响，加强落实安全整改措施。

（4）提高设备的本质安全水平。

2.3.2 湖北东圣化工集团有限公司殷家沟矿区“1·19”斜井跑车事故

1. 事故经过

2014 年1 月19 日10 时，外包队伍8 人乘坐两辆矿车由东斜井放入井下，主要任务是将井下三轮运输车辆装运至材料车，并提升出井。按照该矿通常做法，采用两个矿车托架分前后将三轮运输车辆装上，采用铁丝分别将车辆前轮和后轮绑扎，提升时为避免车辆失稳，特安排两人乘提升车辆出井。车辆提升大约300 m 后，由于钢丝绳提升重量过轻引起滚筒出现松绳现象，车辆上的机电科长发现该种情况后指挥提升机操作作业人员继续提升，从而钢丝绳回弹后将三轮车辆与托架绑扎钢丝崩断，车上两人发现情况不妙，直接从车上蹦下，但由于跑车速度较快，致使井底装车人员躲避不及而被撞死。事故造成4 人死亡，3 人受伤。

2. 事故原因

（1）非专用运输车辆运输人员，存在人车混装现象。

（2）提升绞车钢丝绳松绳未引起重视，未能及时制止。

（3）防跑车装置失灵。

3. 防范措施

（1）斜井运输时，斜井作业人员应在硐室躲避，不能违章作业。

（2）定期检查常闭式防跑车装置的可靠性，保证斜井运输安全。

（3）加强教育培训，严禁人货混装。

2.3.3 湖南黄金开发总公司大源金矿“3·21”斜井跑车事故

1. 事故经过

2017年3月21日11时45分，8名矿工乘坐非专用乘人车辆下井。矿车正常行驶3 s后，猛然冲下斜井。矿车冲下斜井时，卷扬机因来不及放钢丝绳，产生剧烈对拉后与矿车分离，钢丝绳向后弹回，将站在斜井口右侧的矿工打倒在地，矿车随即飞速向井下冲去。事故造成2人死亡，5人受伤。

2. 事故原因

（1）矿工违规乘坐非专用乘人车辆下井。

（2）提升机操作作业人员无证操作，且对卷扬机结构、原理及性能等不熟悉，操作不熟练。

（3）下放重串车时，卷扬机松绳速度大于重串车运行速度，使提升钢丝绳松弛，当重串车运行至变坡点后，重串车做加速运动，提升钢丝绳由松弛突然拉紧，造成钢丝绳产生极大的松绳冲击力，将矿车连接装置拉坏，且将插销拖出，造成跑车事故发生。

3. 防范措施

（1）加强斜井的管理，特别是下井矿车、人员、物料的管理，严禁违规乘坐矿车。

（2）切实做好从业人员的安全教育，特种作业人员未取得相应资质证件不得上岗作业。

（3）加强对钢丝绳、连接插销、跑车防护装置等重要设备日常使用中的定期检测检验，确保设备在合格状态下使用。

3 岗位安全风险控制

3.1 岗位操作流程

提升岗操作流程如图 3－1 所示。

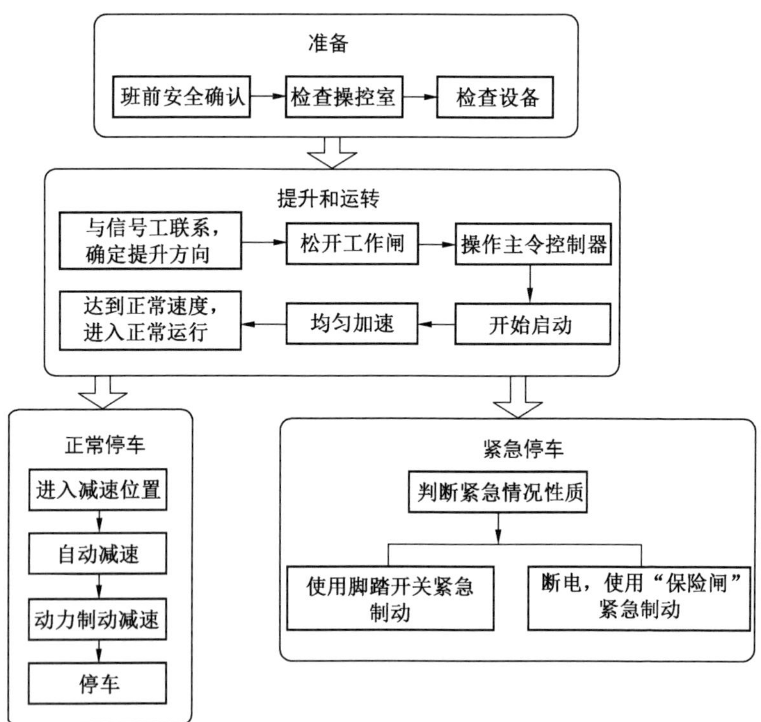

图 3－1 提升岗操作流程

3.2 岗位安全操作要点

3.2.1 作业准备

1. 班前安全确认

（1）佩戴劳动防护用品，包括工作服、安全帽、防尘口罩、矿灯（井下提升机操作作业人员）、绝缘手套、防割手套等。

（2）准时参加班前会，听取带班矿长（或安全管理人员）的安全指令。

（3）当面执行交接班程序，确认交接班记录本中事项，签字。

2. 检查操控室

（1）通过开关检查操作室内普通照明设施，通过断电检查应急照明设施，确保安全可靠。

（2）检查通信设备是否畅通（应急电话可用、对讲机有效），信号装置是否有效（声、光信号正常），视频监控系统显示是否正常。

（3）检查室内灭火器，压力表处于绿色区域，生产日期有效，放置整齐。

（4）检查安全环境，现场无杂物、油垢、积水。

3. 检查设备

（1）检查减速器：连接螺栓有无松动，壳体有无裂纹，检查结合面、端盖、轴封漏油情况。

（2）检查各连接件和锁紧件：螺栓、销子等有无松动、脱落，特别注意检查地脚螺栓和轴承座固定螺栓的紧固情况。

（3）检查电机制动器：制动器灵活可靠，推杆动作灵活，各处螺栓连接紧固。

（4）检查制动闸：表面光滑，无油污，地脚螺栓无松动，制动片无裂纹。

（5）检查各润滑部位：油质是否合格，油量是否充足，油环转动灵活、平稳，润滑系统的泵站和管路应完好可靠，无漏油现象。

（6）检查液压站：油压指示正常，无渗漏、异响，温度符合规定。

（7）检查深度指示器：数据显示清晰，深度指示正确。

（8）检查操作台仪表：指示正确，信号灯齐全，发光正常。

（9）检查钢丝绳：钢丝绳无变黑、锈皮、点蚀麻坑等损伤，钢丝绳直径无明显减小。

（10）试验过卷、松绳、脚踏紧急制动、闸瓦磨损、油压系统欠压保护、声光信号、警铃，必须灵敏可靠。

注意：可参照附录1“岗位安全确认表”进行检查。

3.2.2 运行

（1）提升机操作作业人员必须与信号工保持联系，通过通信装置确定提升方向。接到开车信号必须先回复信号才可开车。接收的信号必须有声、光两种信号。信号失灵或信号不清晰时严禁开车。

（2）启动时，控制器手柄向前（或向后）扳动，同时将工作闸逐步松闸。

（3）随着提升机加速，将工作闸手柄和控制手柄逐步扳到最大位置，严禁猛力扳动。

（4）启动中，提升机操作作业人员两手不准离开控制器手柄和工作闸手柄。严密注视各仪表、指示灯、深度指示器的状态及钢丝绳的排列和松绳情况，注意提升机各部位有无异常声响、气味。

（5）均匀加速，严格按照有关规定控制提升速度。

（6）进入正常运行状态后，注意信号，并与信号工保持联系，严禁将手离开操作手柄。观察钢丝绳在滚筒上的排列，仪表指示及设备运行情况，时刻注意深度指示器。主要包括以下方面：①电流、电压、油压等各指示仪表的读数；②深度指示器指针位置和移动速度；③信号盘上各信号变化情况；④运转部位的声响，有无异常振动；⑤各保护装置的声光显示；⑥钢丝绳有无异常跳动；⑦电流表指针有无异常摆动。

3.2.3　正常停车

（1）观察深度指示器，提升机正常运行到减速位置后，根据深度指示器指示位置或警铃示警，观察系统自动减速情况。

（2）自动减速的同时，点动“工作匣”，配合减速。

（3）减速过程中使用动力制动电源，正确减速。

（4）根据终点信号停车，将主令控制器推（或拉）

到“0”位。

注意：每班升降人员之前应先开一次空车试车。(24 h 连续运转的除外)

3.2.4　紧急停车

（1）运行中出现下列现象之一时，立即踏下脚踏开关或按下紧急事故按钮：①电流过大，加速太慢，启动不起来；②运转部位发出异响；③出现情况不明的意外信号；④过减速点不能正常减速。

（2）运行中出现下列情况之一时，立即断电，并用“保险匣”进行紧急停车：①“工作匣”失灵；②接到紧急停车信号；③接近正常停车位置，不能正常减速。

3.2.5　巡回检查

（1）按规定的巡回检查频次，可参照附录2“设备操作安全检查表”对提升设备基础装置进行班中安全检查确认，并如实记录检查结果。

（2）设备操作安全检查表中的检查内容不得遗漏。

（3）对检查中发现的问题，根据不同情况采用以下处理方式：①能处理的立即处理；②不能处理的，及时停车上报，并通知维修工处理；③对不会立即产生危害的问题，进行连续跟踪观察，监视其发展情况；④如实记录所有发现的问题及处理结果。

3.3　岗位操作风险管控

提升岗操作风险管控见表3－1。

表 3－1　提升岗操作风险管控

岗位操作	安全风险	可能造成的事故	控制措施
开车准备	将易燃易爆品存放至设备操控室内	火灾、爆炸	严禁将易燃易爆品带入操控室
	井下用电管理混乱、违规用电等	火灾	严禁乱拉乱接电线，严禁使用电炉、灯泡取暖，严禁在电缆上挂衣物等
	未佩戴绝缘手套检查电气设备	触电	根据所操作电压，佩戴不同电压等级的绝缘手套等安全防护装备后，方可进行电气设备检查
启动	启动前未与信号工进行确认，未收到信号便启动设备	竖井蹾罐、斜井跑车	启动设备前，必须根据制定的信号体系与信号工确认提升信号后，方可启动
	未根据信号工给出的提升方向推动设备，错将检修信号当作工作信号等	竖井蹾罐、斜井跑车	操作前与信号工再次确认，设置作业监护人员
运行	未发现电流突然增大，未及时采取紧急制动	松绳、断绳	严禁脱岗、离岗。操作过程中，必须时刻注意运行电流的变化情况，一旦电流增大，必须立即停车检查

表 3-1（续）

岗位操作	安全风险	可能造成的事故	控制措施
运行	操作过程中突然加速、无故紧急停车等违章操作，造成提升钢丝绳受到冲击负荷作用	断绳	提升机操作作业人员应熟练掌握本岗位操作流程，严禁用“紧急停车”取代正常停车作业
	采用松、提、蹾罐的办法对竖井提升物料进行装载、卸载	松绳、断绳	严格按岗位操作流程装卸，严禁采用松、提、蹾罐进行装载、卸载
	未核实人员或物料提升载重，人料混装	竖井蹾罐、斜井跑车	通过监控系统核实人员或物料提升载重，严禁超载运行、人料混装
	操控速度按钮或手柄错误，造成超速运行		严格执行操作规程，杜绝误操作或违章操作，严禁超速运行
	提升过程中进行岗位轮换作业，造成设备失控		严禁提升过程结束前轮换作业。如有特殊原因必须换人，应中途减速停车，并与信号工联系，由另一提升机操作作业人员替换作业
	斜井提升设备下坡过程中不送电、松闸放飞车	斜井跑车	严禁松闸放飞车，必须带电运行

表3-1（续）

岗位操作	安全风险	可能造成的事故	控制措施
运行	深度指示器指针停止失效	过卷	设备运行中应时刻观察深度指示器运行情况，及时发现和处理异常情况
	用手或身体其他部位触碰通电线路	触电	严禁在设备运行中进行各项检修、维护作业
	对运转中的设备进行注油、擦拭、检修	机械伤害	
	睡岗、脱岗造成提升设备无人监护，发生紧急情况不能及时处理	各种伤害	加强管理，双人作业，严禁脱岗、睡岗
停车	提升容器到达停车终端位置时，继续上提或下放	过卷、竖井蹾罐、斜井跑车	提升机操作作业人员必须精神集中，时刻注意提升容器接近停车终端位置时的警示铃声，严格执行操作规程
	频繁使用“紧急停车”制动	各种伤害	严禁用“紧急停车”取代正常停车作业

表3－1（续）

岗位操作	安全风险	可能造成的事故	控制措施
巡检	未对提升机安全保护装置进行试验，未及时发现安全保护装置失效	竖井蹾罐、斜井跑车	严格对安全保护装置进行检查确认，对防过卷、深度指示器、限速装置、松绳保护装置、减速功能装置、欠电压保护装置等完好程度进行确认，试验后方可开车运行
	检查钢丝绳、罐笼等登高作业未做好安全防护	高处坠落	高处作业必须系好安全带，落实防坠落措施
	对运转中的机械进行检查、维护	机械伤害	设备停止运行后，方可开展巡回检查；检查过程中，做好安全防护

4　岗位应急管理

4.1　应急报告

4.1.1　岗位人员应急报告

1. 应急反应

迅速切断伤害源→判断事故情况→做好自身防护→脱离险境→施救自救→发出求救信号（报告）。

2. 报告流程

岗位人员应急报告流程如图 4 -1 所示。

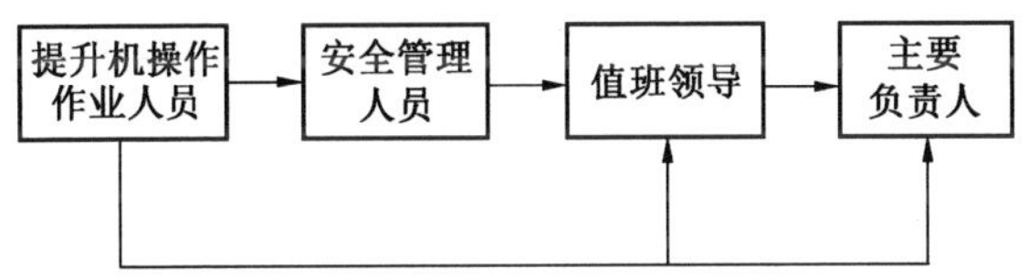

图 4 -1　岗位人员应急报告流程

3. 报告内容

（1）报告人姓名、部门。

（2）突发情况或事故发生的时间、地点。

（3）事故简要经过、人员伤亡情况。

（4）已采取的措施。

事故报告人向单位报告事故情况后，按指令撤离或实施现场应急处置。

4.1.2　矿山企业应急报告

（1）单位负责人接到报告后，应于1 h内向所在地县级人民政府应急管理部门报告。

（2）情况紧急时，事故现场人员可以直接向所在地县级以上人民政府应急管理部门报告。

4.2　现场应急处置

4.2.1　斜井跑车、蹾罐、坠罐应急处置

发生斜井跑车、蹾罐、坠罐事故后，现场操作人员立即踏下脚踏开关，实施“紧急停车”。

采用急救电话、对讲机等通信联络方式，与现场信号工或其他人员联络，并通过视频监控系统掌握现场乘坐人员及装置的状况，结合实际情况给出应急建议。

4.2.2　过卷应急处置

迅速转动过卷复位转换开关，并根据情况采取行动：

（1）如果固定卷筒上的提升容器提升时出现过卷，过卷复位转换开关应扳到下降位置。

（2）如果活动卷筒上的提升容器提升时出现过卷，过卷复位转换开关应扳到上升位置。

（3）单筒提升绞车及提升机出现过卷时，将过卷复位转换开关扳到下降位置，待解除过卷状态后，将过

卷复位转换开关扳到正常位置，即可正常运行。

4.2.3　制动装置失灵应急处置

缓慢操作提升机，将提升容器逐步下放至最低处，或放到有挡车器、安全门的位置，借助挡车器或安全门紧急制动。同时，利用信号装置通过长铃声提醒人员注意。

4.2.4　串车掉道应急处置

立即踏下脚踏开关，采取“紧急停车”，打开挡车器和安全门，并通过长铃声提醒人员注意。

4.2.5　钢丝绳脱钩、断裂应急处置

打开挡车器和安全门，并通过长铃声提醒人员注意。

4.2.6　火灾应急处置

提升机房内发生火灾时，提升机操作作业人员应切断一切电源，火灾初期应立即选用适宜的灭火方式进行灭火。选用二氧化碳灭火器对精密仪表和电控元器件直接喷射灭火，选用干粉灭火器对设备周边的可燃物进行喷射灭火。选用干燥的黄沙对提升机房油料起火进行盖压。装有自动灭火装置的提升机房，直接开启自动灭火装置施放药剂灭火。如果火势不受控制，应第一时间向矿调度室报告。

井下发生火灾时，身处火灾上风侧的提升机操作作业人员应立即通知井下人员，并立即报告矿调度室。火灾初发时，应积极组织井下人员戴好自救器或用湿毛巾捂住口鼻灭火并引导其他人员逆流撤退，撤退应迅速

果断，忙而不乱，并随时注意观察巷道和风流的变化情况，谨防“火风压”可能造成的风流逆转。当发现火势较大时，应立即向上级报告，组织井下人员避灾及自救。

附　　录

附录1　岗位安全确认表

作业地点：　　　当班人员(数)：　　　班次：　　　　年　　月　　日

确 认 项 目	工区确认人员			整改情况二次确认
	现场作业人员	当班班长	安全巡检员	
劳动防护用品是否穿戴正确				
交接班日志是否填写完整				
是否持证上岗				
过卷设备是否可靠				
信号系统是否正常，是否按标准信号操作				
电机运行声响是否正常，转向是否正常				
主电流指示是否正常				
油温、主电机温度是否在规定范围内				

（续）

确 认 项 目	工区确认人员			整改情况二次确认
	现场作业人员	当班班长	安全巡检员	
油压残压是否正常				
减速是否正常				
提升机速度是否正常				
制动系统是否正常				
深度发送装置转速表指针是否准确				
钢丝绳是否正常				
仪表盘数据（转速、油温、冷却液等）是否正常				
制动装置、灯光、喇叭是否正常				
润滑油、冷却水液面是否正常				
交接班日志填写是否符合规定				
确认人员签字				
确认时间				

注：“√”为检查的项目（内容）处于良好安全状态，能够正常作业。

“×”为发现隐患但未进行处理，不允许开展相关作业。

“○”为发现问题需要立即整改，并已经整改。

附录2　设备操作安全检查表

序号	检　查　内　容	检查方法或工具
一	减速器	
1	所有连接螺栓有无松动	扭力扳手
2	壳体有无裂纹	外形观测
3	结合面、端盖、轴封有无漏油情况	外形观测
二	联轴器	
4	联轴器有无异响、松动及窜动情况	静态观测、动态听声
三	电机制动器	
5	制动器是否灵活可靠，推杆是否动作灵活	外形观测
6	推杆有无漏油、渗油情况	外形观测
7	制动瓦表面是否完好，有无油污	外形观测
8	各处连接螺栓有无松动	扭力扳手
四	制动闸	
9	表面是否光滑，有无油污	外形观测
10	地脚螺栓有无松动	扭力扳手
11	制动片有无裂纹	外形观测
五	润滑站	
12	润滑站是否正常工作	外形观测
13	油位是否正常，有无渗漏情况，有无异响	外形观测、听声
六	液压站	

（续）

序号	检　查　内　容	检查方法或工具
14	液压站是否正常工作	外形观测
15	油位是否正常，有无渗漏情况，有无异响	外形观测、听声
七	深度指示器	
16	电机端、滚筒端、天轮端的光电编码器连接及显示数据是否正常	外形观测
八	其他仪表	
17	指示是否正确，信号灯是否齐全，发光是否正常	外形观测

附录3　岗位巡回安全检查表

序号	检　查　内　容	检查方法或工具
一	钢丝绳	
1	磨损、断丝、断股情况，磨损不大于原公称直径的5%	外形观测，游标卡尺测量
2	固定压块、螺栓是否安全可靠	外形观测
3	单绳缠绕式提升机钢丝绳是否缺油	外形观测
二	卷筒	
4	卷筒有无移位及异响	外形观测、听声
5	槽深不小于原槽深的2/3	外形观测，测量工具

（续）

序号	检　查　内　容	检查方法或工具
6	轴承座有无松动，运行是否有异响	外形观测、听声，扭力扳手
三	绳卡	
7	绳卡有无裂纹，螺母有无松动	外形观测，扳手
8	单绳提升不少于 5 个绳卡（其间距为 200 ~ 300 mm），与首绳卡紧	外形观测
四	天轮	
9	天轮有无裂纹，转动是否灵活，是否缺油	外形观测
10	绳槽有无磨损	外形观测
11	轴承有无异响，温度是否正常	红外测温、听声
12	轴承座有无变形、裂纹，连接螺栓是否松动	外形观测，扭力扳手
13	固定支架焊口是否有裂纹	外形观测，放大镜
五	安全保护装置	
14	防止过卷装置是否灵敏可靠	外形观测、试验
15	防过速装置是否准确可靠	外形观测、试验
16	限速装置是否准确可靠	外形观测、试验
17	闸间隙保护装置是否准确可靠	外形观测、试验
18	减速功能保护装置是否准确可靠	外形观测、试验
19	松绳保护装置是否准确可靠	外形观测、试验
20	断绳保护装置是否准确可靠	外形观测、试验
六	信号装置	

（续）

序号	检 查 内 容	检查方法或工具
21	信号系统及信号闭锁是否完善，闭锁是否符合规范要求	外形观测、试验
七	竖井罐笼	
22	罐笼有无磨损、裂纹、变形、开焊及铆钉松动或脱落	外形观测，放大镜
23	罐帘是否完好，有无开焊、变形，与罐底安全距离是否满足要求	外形观测
24	罐轮磨损程度，固定螺栓有无松动，运行时有无异响	扭力扳手
八	竖井罐内阻车器	
25	阻车器是否灵活可靠，螺栓有无松动	扭力扳手
26	罐道磨损情况及螺栓紧固情况，钢梁有无变形开焊（罐运行有异响时进行检查）	外形观测、听声
九	竖井附属设施	
27	安全门、摇台、阻车器是否正常，有无卡阻，螺丝是否松动，油缸有无渗漏	外形观测，扭力扳手
28	防扭层设施是否完好	外形观测
十	斜井	
29	“一坡三挡”是否齐全	外形观测

附录4　有关国家和行业标准

1. 《金属非金属矿山安全规程》(GB 16423—2006)

2. 《罐笼安全技术要求》(GB 16542—2010)

3. 《金属非金属矿山竖井提升系统防坠器安全性能检测检验规范》(AQ 2019—2008)

4. 《金属非金属矿山在用缠绕式提升机安全检测检验规范》(AQ 2020—2008)

5. 《金属非金属矿山在用摩擦式提升机安全检测检验规范》(AQ 2021—2008)

6. 《金属非金属矿山在用提升绞车安全检测检验规范》(AQ 2022—2008)

7. 《金属非金属矿山提升钢丝绳检验规范》(AQ 2026—2010)

8. 《矿山在用斜井人车安全性能检验规范》(AQ 2028—2010)

附录5　《金属非金属矿山安全规程》节选

6.3.2.7　斜井运输的最高速度,不应超过下列规定:

——运输人员或用矿车运输物料，斜井长度不大于300 m时，3.5 m/s；斜井长度大于300 m时，5 m/s；

——用箕斗运输物料，斜井长度不大于300 m时，5 m/s；斜井长度大于300 m时，7 m/s；

——斜井运输人员的加速度或减速度，应不超过 $0.5\ m/s^2$。

6.3.3.26　罐笼提升系统，应设有能从各中段发给井口总信号工转达提升机司机的信号装置。井口信号与提升机的启动，应有闭锁关系，并应在井口与提升机司机之间设辅助信号装置及电话或话筒。

箕斗提升系统，应设有能从各装矿点发给提升机司机的信号装置及电话或话筒。装矿点信号与提升机的启动，应有闭锁关系。

竖井提升信号系统，应设有下列信号：

——工作执行信号；

——提升中段（或装矿点）指示信号；

——提升种类信号；

——检修信号；

——事故信号；

——无联系电话时，应设联系询问信号。

附录6　提升设备设施检测周期表

设备设施	用　途	检　测　周　期
提升机/提升绞车	用于载人	1 年
	其他	3 年
钢丝绳	升降人员	6 个月（有腐蚀气体的矿山 3 个月）
	升降物料	第一次为 1 年，之后 6 个月
	悬挂吊盘	1 年

（续）

设备设施	用　途	检　测　周　期
防坠器		1 年
人车		1 年

注：平衡用钢丝绳和摩擦式提升机的提升用钢丝绳不受此限制。

附录 7　岗位常用安全警示标志

编号	图　形	名　称	设置范围和地点
1		禁带烟火	提升机房
2		禁止启动	提升机房
3		禁止人料同罐	竖井井口

（续）

编号	图　形	名　称	设置范围和地点
4		禁止扒乘矿车	串车提升斜井上下口
5		禁止扒、蹬、跳人车	斜井
6		禁止蹬钩	串车提升斜井上下口
7		禁止车间乘人	串车提升斜井上下口
8		当心火灾	提升机房

（续）

编号	图　形	名　称	设置范围和地点
9		当心触电	提升机房
10		当心机械伤人	提升机房
11		必须戴矿工帽	提升机房、井口
12	 持证上岗	必须持证上岗	提升机房
13		必须携带矿灯	井下提升机房

附录8　岗位安全知识和技能练习题

1. 与采场运搬方式密切相关的因素有(　　)。

A. 矿体倾角　　B. 采矿方法

C. 采场运搬设备　　D. 采场生产能力

2. 金属矿山开采时，下面不属于回采工作主要作业的是(　　)。

A. 落矿　　B. 矿石运搬

C. 地压管理　　D. 二次破碎

3. 关于采空区处理论述不正确的是(　　)。

A. 崩落围岩处理采空区可分为自然崩落和强制崩落两种形式

B. 充填采空区可以有效缓解或阻止围岩变形，以保持其稳定，同时为回采矿柱创造了良好的条件

C. 充填采空区与充填采矿法在充填工艺上的要求是一致的，并没有区别

D. 通常用封闭法处理采空区，上部覆岩应允许崩落，否则不能采用

4. 地下矿山开采的八大系统是指(　　)。

A. 运输、提升、人行、通风、排水、供风、供电、充填

B. 运输、提升、人行、通风、通信、供水、供电、充填

C. 运输、提升、人行、通风、供水、供风、供电、

排水

D. 开拓、提升运输、通风、供电、供气、供水、排水、充填

5. 急倾斜薄矿体采用浅孔留矿法开采时，矿石借助自重由采场经放矿口直接放出，所采用的矿石运搬方式是(　　)。

A. 机械运搬　　B. 无轨设备运搬

C. 重力运搬　　D. 爆力运搬

6. 下面矿石不属于黑色金属矿石的是(　　)。

A. 铁矿石　　B. 铜矿石

C. 锰矿石　　D. 铬矿石

7. 金属矿山凿岩中，掏槽眼的深度比其他炮眼深(　　) mm。

A. 100 ~ 150　　B. 200 ~ 300

C. 300 ~ 400　　D. 500 ~ 600

8. 根据《有色金属采矿设计规范》对三级储量保有期限的规定，地下开采矿山开拓储量要求保有期限为(　　)年。

A. 0.5 ~ 1　　B. 1 ~ 3

C. 3 ~ 5　　D. 5 ~ 10

9. 中等稳固岩层允许暴露的面积是(　　) m^2。

A. <50　　B. 50 ~ 200

C. 200 ~ 500　　D. 500 ~ 800

10. 《安全生产法》规定，未经(　　)合格的从业人员，不得上岗作业。

A. 基础知识教育　　　　B. 安全生产教育和培训

C. 技术培训　　　　　　D. 理论培训

11. 从业人员有权对本单位安全生产工作中存在的问题提出批评、(　　)、控告；有权拒绝违章指挥和强令冒险作业。

A. 起诉　　B. 检举　　C. 仲裁　　D. 罢工

12. 因生产安全事故受到损害的从业人员，除依法享有(　　)外，依照有关民事法律尚有获得赔偿权利的，有权向本单位提出赔偿要求。

A. 工伤社会保险　　　　B. 医疗保险

C. 失业保险　　　　　　D. 养老保险

13. 依据《工伤保险条例》的规定，职工发生事故伤害或者按《职业病防治法》规定被诊断、鉴定为职业病的，所在单位应当自事故伤害发生之日或者被诊断、鉴定为职业病之日起(　　)日内，向统筹地区社会保险行政部门提出工伤认定申请。

A. 10　　B. 15　　C. 30　　D. 60

14. 《安全生产法》规定，生产经营单位应当在有较大危险因素的生产经营场所和有关设施设备上，设置明显的(　　)。

A. 安全使用标志　　　　B. 安全警示标志

C. 安全合格标志　　　　D. 安全检验检测标志

15. 提升机操作作业人员必须经专门培训考试合格并取得(　　)后方可上岗作业。

A. 特种作业操作证　　　B. 作业资格证

C. 安全证　　　　　　D. 安全管理人员证

16.《安全生产法》规定，企业未按有关规定对职工进行安全教育、培训并取得特种作业人员操作资格证书而安排上岗作业的，责令限期改正，可以处(　　)万元以下的罚款。

A. 5　　　B. 2.5　　　C. 2　　　D. 1

17. 根据《劳动合同法》，下列关于解除劳动合同的说法中，正确的是(　　)。

A. 用人单位未按照劳动合同约定提供劳动保护或劳动条件的，劳动者提前3日以书面形式通知用人单位，可以解除劳动合同

B. 用人单位的规章制度违反法律、法规的规定，损害劳动者权益的，劳动者在试用期内提前30日通知用人单位，可以解除劳动合同

C. 用人单位以暴力、威胁手段强迫劳动者劳动的，或者用人单位违章指挥，强令冒险作业危及劳动者人身安全的，劳动者可以立即解除劳动合同，不必事先告知用人单位

D. 劳动者非因工负伤，在规定的医疗期满后不能从事原工作，也不能从事由用人单位另行安排的工作的，用人单位提前3日以书面形式通知劳动者本人后，可以解除劳动合同

18. 根据《劳动合同法》，用人单位自用工之日起超过1个月不满1年未与劳动者订立书面劳动合同的，应当向劳动者每月支付(　　)。

A. 1倍工资　　　　　　B. 2倍工资

C. 3倍工资　　　　　　D. 4倍工资

19. 《劳动法》规定，用人单位必须为劳动者提供符合国家规定的劳动安全卫生条件和必要的(　　)。

A. 劳动防护费用　　　　B. 劳动安全补贴

C. 劳动防护用品　　　　D. 劳动安全保障

20. 依据《特种设备安全监察条例》的规定，特种设备使用单位对在用特种设备应当至少(　　)进行一次自行检查，并做出记录。

A. 每年　　B. 每月　　C. 每周　　D. 每季

21. 依据《生产经营单位安全培训规定》规定，不属于班组级岗前安全培训内容的是(　　)。

A. 工作环境及危险因素

B. 有关事故案例

C. 岗位安全操作规程

D. 岗位之间工作衔接配合的安全与职业卫生注意事项

22. 生产经营单位选用的特种劳动防护用品必须具备“三证”和“一标志”。“三证”和“一标志”分别指(　　)。

A. 生产许可证、产品合格证、安全鉴定证和安全标志

B. 生产许可证、产品合格证、安全许可证和安全标志

C. 经营许可证、产品合格证、安全许可证和劳动

保护标志

D. 经营许可证、质量合格证、安全鉴定证和劳动保护标志

23. 劳动防护用品使用前应首先做一次(　　)检查。

A. 质量　　B. 数量　　C. 外观　　D. 合格

24. 从业人员调整工作岗位或离岗一年以上重新上岗时，应进行相应的(　　)安全生产教育培训。

A. 专门的　B. 班组级　C. 车间级　D. 厂级

25. 三级安全教育指(　　)三级。

A. 企业法定代表人、项目负责人、班组长

B. 公司、车间、班组

C. 总包单位、分包单位、工程项目

D. 车间、班组、岗位

26. 井下一旦发生电气火灾，首先应该(　　)。

A. 切断电源灭火　　B. 迅速汇报

C. 迅速撤离　　D. 呼救

27. 国家对严重危及生产安全的工艺、设备实行(　　)。

A. 淘汰制度　　B. 废除制度

C. 严惩制度　　D. 保护制度

28. 提升机在开车和运动中要时刻注意观察操作台上各种仪表指示和变化情况，若不正常应(　　)，并通知有关人员进行检查。

A. 报告领导　　B. 立即停车

C. 离开　　　　　　D. 呼救

29. 保养设备必须在停机后进行，(　　)在运转中进行维修保养或加油。

A. 可以　　B. 允许　　C. 严禁　　D. 偶尔

30. 用于载人的提升设备每年进行(　　)次检测检验，其他三年至少一次。

A. 1　　B. 2　　C. 3　　D. 4

31. 竖井提升系统安装使用的防坠器的定期检验周期为(　　)。

A. 半年　　B. 一年　　C. 两年　　D. 三年

32. 从卷筒中心线到第一导线的距离，带槽卷筒应大于卷扬机宽度的15倍，无槽卷筒应大于卷筒宽度的(　　)倍。

A. 15　　B. 20　　C. 25　　D. 30

33. 卷筒上的钢丝绳应排列整齐，应至少保留(　　)圈。

A. 1　　B. 2　　C. 3　　D. 4

34. 提升机不得超吊或拖拉超过(　　)的物件。

A. 额定重量　　　　B. 本身重量

C. 最大重量　　　　D. 净重量

35. (　　)是矿井提升用罐笼、箕斗、吊桶和吊罐等可乘人容器的总称。

A. 防坠器　　　　B. 提升容器

C. 提升绞车　　　　D. 罐道

36. 竖井提升系统防坠器动作空行程时间不应大于

(　　)s。

A. 0.25　　B. 0.5　　C. 1　　D. 2

37. 竖井中升降人员或升降人员和物料的，应缠绕单层；专用于升降物料的，缠绕层数不应(　　)2 层。

A. 大于　　B. 小于　　C. 等于　　D. 不小于

38. 天轮的轮缘应高于绳槽内的钢丝绳，高出部分应大于钢丝绳直径的(　　)倍。

A. 1　　B. 1.5　　C. 2　　D. 2.5

39. 提升绞车/提升机在制动状态时所产生的制动力矩与实际提升最大静荷重旋转力矩之比 K 值，不应小于(　　)。

A. 1　　B. 2　　C. 3　　D. 4

40. 当提升容器超过正常终端停止位置或出车平台 0.5 m 时，应能自动断电，同时实施安全制动，这种保险装置是(　　)。

A. 过卷保护装置

B. 过负荷及无电压保护装置

C. 深度指示器失效保护装置

D. 闸间保护装置

41. 提升绞车/提升机电动机的绝缘电阻在井下应不大于(　　)Ω。

A. 1　　B. 2　　C. 3　　D. 4

42. 摩擦式提升机操作位置处的噪声声压不应超过(　　)dB，达不到噪声标准时，作业人员应佩戴防护用具。

A. 80　　B. 85　　C. 90　　D. 95

43. 盘形制动器闸瓦与闸盘之间间隙以 1 ~ 1.5 mm 为宜，不得超过 2 mm；要保持闸瓦与闸盘的接触面积在(　　)以上。

A. 50%　　B. 60%　　C. 70%　　D. 80%

44. 竖井提升系统中，脱钩试验时，两组抓捕机构制动时的动作时间差用提升容器通过的距离来表示，不得超过(　　)m。

A. 0.25　　B. 0.5　　C. 1　　D. 1.25

【参考答案】

1 ~ 5	ADCDC	6 ~ 10	BBCBB
11 ~ 15	BACBA	16 ~ 20	ACBCB
21 ~ 25	AACCB	26 ~ 30	AABCA
31 ~ 35	BBCAB	36 ~ 40	AABCA
41 ~ 44	BBBB